KOEXISTENZ NULL

FRAG DEN KLEINEN

REGER WURM

„LUMBRICUS

TERRESTRIS"

LAUTE FRAGEN <<>> LEISE ANTWORTEN

EINSICHT AM ENDE

Bibliografische Information durch
Die Deutsche Bibliothek:
Die Deutsche Bibliothek verzeichnet diese Publikation in der
Deutschen Nationalbibliografie; detaillierte bibliografische
Daten sind im Internet über https://portal.dnb.de/opac.htm abrufbar.

Herstellung und Verlag
BoD – Books on Demand, Norderstedt

ISBN 9 783755778899

KOEXISTENZ NULL

FRAG DEN KLEINEN REGER WURM „LUMBRICUS TERRESTRIS"

LAUTE FRAGEN... << >> LEISE ANTWORTEN...
EINSICHT AM ENDE

Hiermit
entschuldige
ich mich
vorsorglich

voll
inhaltlich

für
alles, was
ich schreibe,
aber kein anderer
es
zu glauben
vermag...

Samu Kain Deutscher-Meer

Auch mit

ungewisser Gewissheit
befrage dein Gewissen

gleich zu Anfang

...die Antwort

kommt

zu 100 Prozent

sicher,
wenn auch später...

Den Geist
ein bisschen
anfeuern...

heißt das:

"Zigarette
an"?

KOMISCH,

dass man immer

erst später
alles besser weiß...

Erst, wenn man

den Deckel
hochhebt,

kann man

erkennen,
was damit zugedeckt wird...

Wenn man doch

das Leben
wie in einem
Film
beschneiden könnte...
was würde
man herausschneiden...
was würde
da bestehen bleiben...
was würde
man sich gerne
noch mal ansehen?

So aber bleibt

der Lebensfilm
ohne Zwischen-cuts
unwiederbringlich
und
verblasst
immer mehr...

… je mehr

die Zeit
für Rückwärts
verwandt wird,
soviel
fehlt sie
für Vorwärts
für

NEUE CHANCEN

für

neues
LEBEN
voll
GLÜCK

Vergossene Milch

verwertet

nur noch
die Katz'...

vielleicht...

Nun

stehen
sie,
die
Opfer-bereiten,
in den
WARTESchlangen
an der
Wunder-BAR
an...

Dicht

an dicht
drängeln
sie,
stundenlang
ihrer Lebenszeit
beraubt,
um das Leben
anderer
zu retten,
wie man sagt,

sollen sie glauben…

...die GUT
MENSCHEN,

die mithelfend
verpflichtet werden,

nach angepassten
GESETZES ÄNDERUNGEN

die unbequemen bösen
Eigenverantwortungsträger
in Zwänge zu moppen...

auszugrenzen,

mit Verachtung
zu diffamieren.

Aber

man
fürchtet
insgeheim doch

die Ansteckungsgefahr

vielleicht
der
Gesundheit...

derer...
die sich

doch klug

einfach nur

zurückhalten...?

Was ist das

eigentlich:

Demagogie... ?

Volksverhetzung

Warum... Wann..

beginnt sie...

Wo...

Wer...

Wie kann man sich schützen... steckt sowas an?

Wer nichts weiß,
muss alles glauben

Marie von Ebner Eschenbach

Wer

das Wort

>JA<

mit
Ablehnung
zur Kenntnis

nimmt... mutiert

es in ein

>NEIN<

Wer schläft,

der begibt sich
im Schlaf wieder
zurück in die Natur...
Die innere Sehnsucht
zur Natur
aus der man kommt,
in der man sich erholt,
in die man zurückkehrt,
aus der man
nicht entfernt ist...
ob tot oder lebendig,
man bleibt

in der Materie...
in irgendeiner Form.

Noch so teure

Kleider
Kleidung...

Waren um dich herum,
noch so teure Autos
noch so teure Freunde
noch so teure Freundinnen…

Verändern nicht
den Körper
in seiner Materie…

… er
wandert
wieder
zurück
in den Kreislauf
des Lebens

ohne den ganzen
teuren anhängigen
Ballast…

Über 100 Dopingtote

damals in der

ehemaligen

DDR...

Dreimal soll man raten...
wer verraten ist…

ist der…

auch verkauft?

In der Schule

ist eine

Eins

mit

sehr gut

gleichzusetzen...

In der Gesundheit

ist derzeit alles etwas verzerrt...?

...ein **G**

für **G**esund hat

seinen Wert verloren?

Panik-Veränderung:

... es gilt
derzeit das
Verdoppelung Prinzip für G:

und zwar:
2 G
das für
***G**eimpft und **G**enesen*
steht...

also: GG

Unterdessen:

durch ein Tornados

in Kentucky über 70 Tote

Welch ein Wunder

2 Babys überlebten

und

konnten

gerettet werden…

Dioxine

sind verboten

Fisch und Lachs

hat Nematoden…

in manchen Packungen,

aber noch im

Rahmen

des gesetzlichen Grenzwertes,

wie der Markt sagt.,

(eigentlich laxe Bestimmungen)

Au weia... Was soll das?

Die Gesunden, die nicht krank werden,
die sich
Corona Viren vielleicht kaufen müssen,
damit sie sich infizieren,
damit ihnen am Ende
>>genesen<<
bescheinigt wird...?

… eine App
auf dem Handy,
als Sicherheits-Faktor...
aber vielleicht
oder vielleicht sogar bestimmt
dass doch noch mal, und nochmal, usw.
geimpft werden muss...?

Die, die für sich keine Impfung wünschen,
die sollen dahin getrieben werden,
durch Zwang unterdrückt,
sich impfen zu lassen...?

Oder sollen sie...

sich lieber umbringen...?
vielleicht die Hoffnung aufgeben?
... um ihr Leben
nicht der Geldmacht
zu unterwerfen...?

... so wie damals,
vor nicht
allzu langer Zeit,
die hoffnungslosen
Soldaten, die
ihr Leben aufgaben...

Oder wie die, die als Rest

zum Kriegsende

nur als kalte Nummern

und leblose Namen

zu ihren Lieben zurückkehrten...?

oder...

Abwarten,

bis

alles

vorüber ist,

weil nichts bleibt

wie es ist?

Abwarten?

… wie die Soldaten

in den Kriegszeiten,

die in Gefangenschaft alles
erduldet und
die Hoffnung getragen
haben, um

am Kriegsende
wieder nach Hause
zu kommen

und dann
in Frieden und Freiheit
wieder ankommen…?

Wer soll

die
Viren-Krone
tragen...

Es sind so viele

Köpfe
und

am Ende
geht es doch wieder
um

Kopf und Kragen...?

Da glotzen

zwei Spiegeleier
aus

der schwarzen Pfanne

verzweifelt…

Na und…,
keine
Hähnchen
geworden...

ohne
Spiegel

Eier
gebraten...

… und nun
verbrannt!

Da soll es ja

welche geben,

die sind
mit einem Drittel
nicht
zufrieden...

die

wollen
mindestens
ein Viertel...

Glaubenssache

bedeutet
auch:

Jeder
glaubt
was anderes…

auch
Gegensächliches
kann
Glaubenssache
sein.

Glauben
heißt:
nicht wissen

TIERE
erkennen
schwache Kreaturen
und jagen sie fort
...?

Der Mensch
ist das LeitTIER
auf dieser Welt...

Er
sollte sich nicht
künstlich oder
GEN verändern...

Sonst wird er den
Tieren unterlegen
und hat
seinen LeitTierstand verloren...

Wer nur
leichtes Gepäck hat

braucht auch nicht
schwer tragen...

könnte man meinen?

Sehr oft aber

kommen Träger
und Lastenschlepper

gleich
dicht
hinter

jenen
mit dem leichten Gepäck

schwer belastet
angekrochen...

Manche haben

ihre Jugend
teuer verkauft

und

erwachen
im Alter

mit leeren Händen...

Wer
nichts austeilt

muss
auch
auf keine Quittung
warten...

Kann sich aber
verrechnen,

wenn
andere einmal
austeilen...

*Wer will
denn
sowas wissen?*

Der in Südamerika heimische Uhu Nyctibius griseus...
der Tag Schläfer „Urutao“
kann sehen, auch wenn die Augenlider geschlossen sind.
Der Uhu wartet
mit geschlossenen Augen
in der Dunkelheit
auf seine Beute.
Die taggelben Augen würden
den Beutetieren in der Nacht
wohl auffallen, flüchten und
der Uhu müsste verhungern…
so aber,
hat die Natur
ihre Entscheidung getroffen…

Warum erzeugen
Turnschuhe mit Gummisohle
häufig
ein Quietschen auf
Fliesen und Linoleum

Gummisohlen haften fester
auf schmutzfreiem Boden…

Aktuelle Experimente der Universität Tübingen zeigen dass
regelmäßige Computerspielen

die Fähigkeit verbessern,
Mengen
 auf einen Blick
zu vergleichen…

>< >< >< >< >< >< ><

Weil Tigerschnegel nützlich sind,
sie helfen dabei mit, die Schnecken zu minimieren.
Daher kein Schneckenkorn auslegen, sonst bringt man
diese Helfer damit auch um.

>< >< >< >< >< >< ><

Was bewirkt Saures Wasser im Ocean?

Fische verlieren ihren Geruchsinn…
dabei ist der
Wolfsfisch zu 50%
verliert er in
saurem Wasser
seinen Geruchssinn…

Weil alles

in Gegenseitigkeit
beeinflussbar funktioniert,

sind
einzuhaltende Grenzen
bereits
vorgegeben,

die
zu erkennen
und
zu beachten bleiben…

und
in der Tat
bleibend
zu respektieren sind…

Der Grad

der Furchtsamkeit

*ist ein Gradmesser
der Intelligenz*

Friedrich Nietzsche

Wenn krachend
auch zusammenbricht
das Weltall,

werden die Trümmer
doch einen
Furchtlosen
treffen.

Horaz
(Quintus Horatius Flaccus)
(08. Dez. 65 v. Chr. – 27. Nov. 8 v. Chr.)

Die Bevölkerung,
die ihre
FREIHEIT
und ihr Recht
auf Selbstbestimmung
schwinden sieht,
durch
CORONA-Maßnahmen
alles bestimmend,
alles beschneidend
und alles ausgrenzend...

die nicht still
Fehler und
Vergehen
hinnehmen wollen…

die auf
Eigenverantwortlichkeit
und Selbstbestimmung
gesetzesgemäß
aufmerksam
machen wollen…

… die

im Geheimen
brodeln und sich
immer mehr erhitzen…

… in VERZWEIFLUNG
wenn oder weil sie
kein Gehör finden,
keine Aufmerksamkeit,
keine Antworten
und auch keine
ERKLÄRUNGEN
erhalten...

Denen dadurch nicht
Angst und
Unsicherheit
genommen wird,
sondern,
die sogar verstärkt wird,
durch
Zwangsmaßnahmen
mittels Beschneidungen …

... die im RECHT auf Freiheit
und Selbstbestimmung
unterdrückt werden

und durch ihre
demonstrierten Widersprüche

zu Volksverhetzern
GESETZESÜBERTRETERN
deklariert...

obwohl
vormals unauffällig,
unbescholten und rechtschaffend,

nun unerklärlich

wie Straftäter
sanktioniert werden...

obwohl gesund,
auch ohne Anzeichen von Krankheit,

sind ihnen Zutritte verwehrt
und „Einzelhaft" gesetzt....

In steter Notwehr
gegen
arge List

Bleibt auch das redliche Gemüt
nicht wahr –

Das eben
ist der Fluch der bösen Tat,
dass sie,
fortzeugend, immer Böses muss
gebären.

Friedrich Schiller

Jeder sollte

viel besser
auf
seine
innere Stimme
hören…

Jeder
hat eine…

Sie heißt:

>>*Gewissen*<<

nicht:
>>*geh`Wissen*<<…

Vielleicht
sollte es lieber
als
>>BLEIBWISSEN<<
verstanden sein…

…denn

Fehler
bleibt
Fehler

\>\>geh\` *Wissen*\<\<
aber
sind die Fehler egal…

BLEIBWISSEN
aber
wiederholt
sie niemals mehr…

Die kleinsten Sünder

tun

die

größte

Buße...

Marie von Ebner-Eschenbach

Wir müssen
nicht
auf die
Zukunft
warten...

diese
Warterei
mutiert
zum
Zeitverlust...

Zeit,
die sich
nie
wiederholen lässt.

Mist gebaut...

MIST bauen
ist eine
un-sinnige
Beschäftigung

MIST
ist
kein
gutes Fundament

Mist
stinkt erbärmlich
meist
bis zum Himmel...

Natürlicher Mist

allerdings
ist
Kräfte stärkend
im
Kreislauf
der Natur...

HIER
wird aus Mist
fruchtbarer Boden...

Die Natur nimmt
alle ihre Angebote
zurück
und
bietet
sie alljährlich
wieder neu
als Geschenke an...

Mit schwarz

kann man weiß
gut
übertünchen

Niemals aber
umgekehrt...

Wenn es regnet,
wenn es schneit,
ist zum Überlegen Zeit...

Wasser, Wasser überall...
und im Sommer Hagel Fall?

Autos schwimmen auf den Straßen...
und man kann es gar nicht fassen,

Und du glaubst an schlechte Träume
fallen aus den Wurzeln Bäume

abgeknickt von Sturm und Wind,
die nicht mehr zu halten sind...

Und der Mensch sein Heim verliert,
was andere auch tief berührt...

Auch die Natur, sie kann nicht lachen,
was Menschen hier für Sachen machen...

Mancher glaubt hier groß zu sein
und bildet sich wer weiß was ein...

dabei sind wir alle Gäste nur...
kurz zu Besuch... in der Natur...

Wer weiß das schon?

Wer weiß schon auf welcher Stufe man gerade steht,
sind es noch Stufen
nach oben,
ist es schon
ganz oben…

Oder

muss man
nun viele Stufen
nach unten,
ist es
die vorletzte Stufe
oder ist
jetzt nur ein Schritt noch
und dann ist ... fertig?

*Auf welcher Stufe man sich auch befindet, auf jeder dieser
Stufen hat man seine Zeit, seine Aufgaben seines Lebens zu
erfüllen.*

Bei Schwarz-Arbeit

muss es
sich nicht
unbedingt

um
eine Kohlenhandlung
handeln...

um Kohle
dreht es sich
aber doch...
irgendwie...

...**d**as

was

Thea

und

Theo logen,

stinkt

den Heiligen

heute noch

bis zum Himmel..

Vielleicht

dann
lieber
mal
die
Weihnachtsgeschenke

doch
nicht

unter den
Weihnachtsbaum
legen

für den,

der sich
nur
schlecht
bücken
kann...

Ich dachte,

ich denke meine Idee,
da war's gar nicht meine
und das tat sehr weh...

zu merken, dass manches
schon früher gedacht....
so mancher auch damit
schon Fehler gemacht...

doch Fehler machen,
das will ich gar nicht...
und deshalb kam's nun
zu diesem Gedicht...

Was

das rechte Ohr

hört

hat die linke Gehirnhälfte

schon längst

auf-

genommen...

Unglaublich

Man kann süchtig werden nach
Gelee Bananen
und
das ist gar kein Obst...

Schwarze Sapote
schmeckt nach
Schokopudding

und

Zuckerwatte-Trauben
gibt es auch...

Auch das stärkste

Unkraut-Ex

schafft es nicht,

alle Wildkräuter

der Welt
zu beseitigen...

Wenn

die Zwietracht
erst einmal

gesät ist,
dann
wird die Saat

vielleicht früher
oder später
doch
auch
aufgehen...

Nur

ein einziger Moment?

Wenn das falsche Bein
amputiert wurde,
ist es ab...

...wenn
vielleicht
auch durch
einen kleinen Moment
Unachtsamkeit
"NUR"
****

Arm dran
ist das Leben dann,
welches
dadurch
am Ende

zwei Beine
verloren hat...

Abend

wird es wieder...

über Wald und Feld

*säuselt Frieden nieder
und*

es ruht die Welt!

Heinrich Hoffmann von Fallersleben

Der Regerwurm

*Ist ein lichtscheuer Geselle und Strich in der Landschaft. Er
wird beschrieben mit blind, taub, stumm. Nicht aufrecht gehen,
wie wir Menschen, kann diese*
KOEXISTENZ. *„Lumbricus Terrestris", nur kriechen. Aber,
für Manche ist er nur eine* **NULL***, und doch kann er
viel mehr als wir es jemals vermögen…*

*Er ist das stärkste Tier dieser Erde, zumindest im Verhältnis
zu seiner Körpergröße und er kann das 50 – 60 fache seines
Körpergewichts stemmen. Er macht sich Pilze und Bakterien zu
Nutze bevor er Blätter und Äste als Nahrung nutzt. Obwohl er
zahnlos ist, schafft er bis zur Hälfte seines Eigengewichts, sich
täglich zersetzte Blätter einzuverleiben. Dabei nimmt er auch
größere Mengen Erde auf. Im Darm wird dann alles mit
Bakterien und Pilzen vermischt und als besonders guter
Dünger, der noch besser als Kompost ist, ausgekotet.*

*Regerwürmer sind Zwitter, befruchten sich selbst und legen
zum Schutz vor negativen Umwelteinflüssen, um ihre Kokons,
in denen die befruchteten Eier sind, eine dicke Wurm-Kot-
Schicht. Die jungen Würmer finden dann gleich ihre Nahrung.*

*Außerdem können, sollte sein Hinterteil abgerissen werden,
evtl. von einem Fressfeind, sein Darm aber noch lang genug
sein, die lebenswichtigen Organe im Vorderteil das Hinterteil
nachwachsen lassen. In aller Stille arbeitet er für uns, von uns
unbemerkt. Reger als alle anderen, die sichtbar sind.*

*Er kann sich selbst regenerieren und reparieren und reinigt
für uns die Erde, macht sie fruchtbar für unsere guten Ernten.*

Noch ein Wunder der Natur unter den vielen anderen…

.

Er hat
ein hochempfindliches Nervensystem,
aber niemand
hörte ihn schreien,
wenn er auf einen Angelhaken
gespießt wurde…

Noch niemals wurde er
krank oder verletzt zu einem Arzt oder gar in eine
Klinik gebracht…

Kein Mensch
hat
unserem kleinen Kompagnon,
der unter uns
in der Erde,
als
unentbehrlicher
Lebenssicherungs-Helfer
existiert,

jemals etwas Lehrreiches beigebracht…

Obwohl

*der Reger Wurm
ein wirbelloses Tier
ist*

*beweist
er
bemerkenswert
unauffällig*

*durch seine zuverlässige Stütze
im ständigen Stoffwechselkreislauf*

*mehr
Rückgrat
als
so mancher
Wirbelsäulen-Inhaber…*

000000000000,000000000000

„Danke, kleine Koexistenz!"